NOTE

SUR

LE DESSÉCHEMENT

DU BASSIN DE L'AA;

Par M. ROGUET,

CHEF DE BATAILLON AU 14ᵉ LÉGER.

PARIS,

IMPRIMERIE DE Mᵐᵉ HUZARD (NÉE VALLAT LA CHAPELLE),

RUE DE L'ÉPERON-SAINT-ANDRÉ-DES-ARTS, Nº 7.

1834.

(Extrait des *Mémoires de la Société d'Agriculture,* Année 1833.)

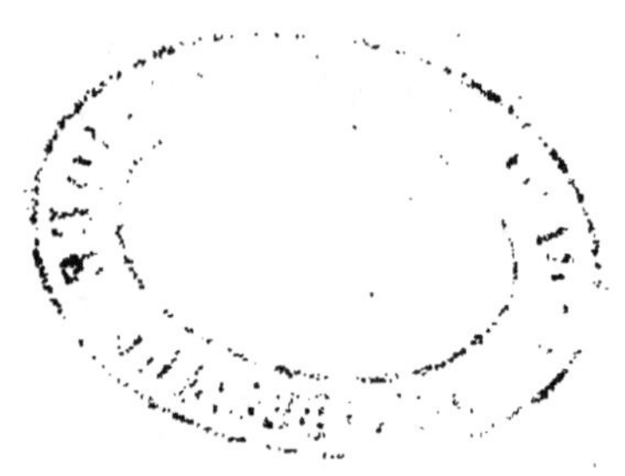

NOTE

SUR

LE DESSÉCHEMENT DU BASSIN
DE L'AA;

---

§ 1er. *Généralités sur le bassin de l'Aa.*

L'extrémité de la chaîne de montagnes qui se dirige de Saint-Quentin à Boulogne, le contre-fort qui sépare l'Iseer de l'Aa et les dunes (Pl. 1re), forment un bassin triangulaire de quatre-vingt-dix lieues carrées, dont les eaux ne peuvent s'écouler que par les ports de Calais, Gravelines et Dunkerque; Saint-Omer se trouve près de la partie la plus élevée de ce bassin, à 6 mètres au dessus de la basse mer; en regard de cette ville, contre l'Estran, les dunes forment une digue d'un quart de lieue environ de largeur, dont l'élévation au dessus de la basse mer varie de 8 à 25 mètres; le fond du bassin est limité entre Bergues, Dunkerque et Furnes, par les dunes, l'extrémité de la chaîne de l'Iseer, et un petit contre-fort attenant : son niveau est 0,50c. au dessous de la basse mer.

Ce triangle est divisé en trois parties par la rivière de l'Aa et par le canal de Bergues à Dunkerque ; les deux premières, à la gauche du canal de Bergues, ont, vers les ports de Calais, Gravelines et Dunkerque, des pentes suffisantes. En interdisant l'entrée de la haute mer, et à l'aide d'un nombre suffisant de petits canaux construits pour conduire les eaux du pays vers ces points principaux d'écoulement, une administration dite de wateringues a donc pu, dès le douzième siècle, assainir et livrer successivement à l'agriculture toute cette contrée ; la troisième partie, n'ayant aucun moyen d'écoulement pour ses propres eaux, sujette à être inondée par les eaux de la mer et du pays de l'est et de l'ouest, présentait de plus grandes difficultés ; son desséchement ne fut entrepris que dans le dix-septième siècle, cinq cents ans plus tard. Souvent abandonné et repris depuis cette époque, il a beaucoup coûté, exige plus de soins ou de frais d'entretien, et n'est pas encore entièrement achevé.

§ 2. *Des wateringues.*

Dans l'origine, le pays assaini par l'administration des wateringues était un lac infect, où la haute mer pénétrant deux fois chaque jour délaissait ces plantes marines dont la décomposition est toujours nuisible à la salubrité ; la portion de ce lac, comprise entre Calais et Gravelines, fut desséchée par les wateringues de l'Artois ; l'autre, entre Gravelines et Dunkerque, par ceux de la Flandre : il ne sera question ici que de cette dernière administration.

L'histoire parle d'une donation de dix-sept cents mesures de terre (748 hectares) faite, en 1169, aux chanoines d'Aire, et de leur défrichement opéré à grands frais par *Philippe* d'Alsace, comte de Flandre et de Vermandois, le donateur, à l'aide d'un canal de navigation (devenu depuis la Colme) ; ce pays, auparavant marécageux et inaccessible, était situé entre Watten, Bergues et Bourbourg.

Cet exemple fut successivement imité ; on gagna, chaque année, sur les eaux, et dès 1577, sous les mêmes comtes de Flandre, toute la contrée des wateringues était déjà divisée en sections contenant chacune les lieux qui avaient

un intérêt commun à un même desséchement,
ou qui, soumis aux mêmes causes d'inondation, pouvaient être assainis par un écoulement commun vers Dunkerque et Gravelines.
Ces sections et subdivisions étaient délimitées sur
des cartes dressées *ad hoc*; elles avaient leur administration particulière, dont la direction était
confiée aux magistrats des châtellenies et à
un Watergrave, inspecteur du service, nommé
annuellement, par les principaux tenanciers et
magistrats, pour la construction et l'entretien
des digues, écluses, ponts, canaux, etc. Le sol
rendu à l'agriculture devint un des plus fertiles
de la Flandre; traversé en tous sens par des canaux, il offrit en abondance une eau potable
pour les hommes et les animaux.

Ces administrations firent prospérer le pays
jusqu'à la révolution; époque à laquelle chaque
commune voulut s'isoler; ce démembrement et
la rupture des ponts ou écluses occasionée par
la guerre firent la ruine des propriétaires de
wateringues; les eaux de la mer comblèrent
successivement les canaux, les terres devinrent
bientôt humides et marécageuses. Éclairée par
cette funeste expérience, la population sentit,
dès 1790, la nécessité de rétablir une administration. Les essais se prolongèrent jusqu'à

l'an x (1802), alors on adopta définitivement le système de quatre sections, ayant chacune leur administration et leur caisse particulières, sous la direction d'un syndic salarié, rééligible tous les ans par l'assemblée des propriétaires à cent mesures de terre (44 hectares) et des commissaires des communes.

Depuis le décret du 12 juin 1806, chaque section est administrée distinctement par une commission de cinq membres choisis par les trente principaux propriétaires : cette commission nomme un percepteur et un conducteur des travaux ; elle soumet ses projets à l'approbation des ponts et chaussées et du préfet, qui arrête définitivement les comptes, sur l'avis du sous-préfet, et autorise, au besoin, différentes sections à se réunir pour délibérer sur des intérêts communs.

La première section est au nord-ouest du canal de Bourbourg ; la seconde au nord-ouest de la Colme ; la troisième au nord-ouest de l'Iser ; la quatrième est la portion de pays entre Bergues, Dunkerque et Furnes ; qui, supérieure à la basse mer, a pu être desséchée par les watergants : ces quatre sections comprennent 46,000 hectares sur une étendue de sept lieues de long et quatre de large ; on y compte vingt

et un canaux et deux cent quarante-trois em-
branchemens (donnant un développement de
cent vingt-huit lieues un tiers, une surface de
238 hectares 22 centiares), cinq cent dix-sept
ponts et cent cinquante-sept écluses. Les frais
d'entretien annuel se montent à 40,000 francs,
et sont faits à l'aide d'une contribution extraor-
dinaire de 87 cent., prélevée sur chaque hec-
tare de terre.

§ 3. *Historique des moëres.*

Vers 1200, une violente tempête refoula, par
le canal de Wulpen (comblé depuis la construction de la rade de Nieuport), les eaux de la
mer jusque dans le pays des moëres ; cette contrée, plus basse de 8 pieds que le sol environ-
nant, resta depuis couverte, dans les plus grandes sécheresses, de 3 pieds 6 pouces d'eau salée, sur une étendue de 3,000 hectares : de là,
les épidémies fréquentes qui ont moissonné
autrefois les populations voisines, et particuliè-
rement celle de Bergues.

En 1616, le baron *Venceslas de Koerberger* et
l'ingénieur *Vankirke* traitèrent avec l'archiduc
Albert et la princesse *Isabelle* pour une moitié
des moëres, à condition qu'ils dessécheraient le
tout à leurs frais.

De 1617 à 1619, ils entourèrent la grande moëre d'un canal de 9 pieds de profondeur, qui, supérieur à toute la partie basse, fut destiné à retenir les eaux extérieures d'écoulement.

En 1620, un autre canal, dit des moëres, conduisit ces eaux jusque dans l'arrière-port de Dunkerque.

En 1622, *Koerberger* creusa de nouveaux fossés dans l'intérieur de ce marais, et à l'aide de vingt moulins à eau ou à vent, employés aussi à la mouture, il déversa les eaux stagnantes dans le canal de ceinture. En 1626, par crainte de la guerre, il vendit sa portion des moëres à huit acquéreurs différens. Depuis, la richesse de la contrée fut toujours croissante; en 1562, on y voyait quarante fermes en état de culture, des maisons de campagne, une église, un franc marché par semaine. De 1639 à 1645, le général espagnol *Lamboy* y resta campé avec dix-huit mille hommes pour couvrir la Flandre orientale; il vantait ce cantonnement, qu'il ne quitta qu'après sa défaite par Gassion en 1645; la même année, ce dernier général prit, avec vingt mille hommes, ses quartiers d'hiver dans ce pays et aux alentours, où il vécut dans la plus grande abondance.

Le 4 septembre 1646, le marquis *de Leyde,*

gouverneur de Dunkerque, alors menacé par le duc *d'Enghien*, ouvrit l'entrée du pays aux eaux de la mer; les moëres furent submergées et presque tous les habitans noyés; les édifices et machines s'écroulèrent. Le baron *de Kœrberger*, cet homme respectable, qui avait conçu et exécuté en six années les immenses travaux sur lesquels repose encore aujourd'hui le desséchement des moëres, ne put survivre à un aussi grand désastre; il mourut, laissant un nom cher aux amis des arts, des sciences et de l'humanité: il avait fait un voyage scientifique en Italie, était peintre et architecte, directeur des monts-de-piété de Flandre et du Brabant.

Bientôt, redevenues ce qu'elles avaient été avant *Kœrberger*, les moëres restèrent long-temps dans le même état; les ministres *Louvois* et *Colbert*, à qui *Louis XIV* fit cession de ce marais en 1669, le marquis *de Canillac* et la marquise *de Maisons*, à qui le Régent fit une semblable concession en 1716, ne s'en occupèrent même pas, tellement les difficultés à vaincre, les fonds et dépenses à faire, étaient considérables.

En 1752, le Gouvernement, à l'instigation du comte *d'Hérouville*, lieutenant-général, et pour encourager cet héritier de la marquise *de Mai-*

sons, reprit avec succès le desséchement des moëres : malgré les réclamations de l'Angleterre, il fit exécuter autour de Dunkerque une cunette de 120 pieds de large dans le haut, 10 dans le bas et de 25 pieds de profondeur; ce fossé aboutissait au canal des moëres par un aquéduc en maçonnerie, passant sous le canal de Furnes, et se déchargeait dans le port par une écluse à deux passages et à vannes.

Dès 1756, l'écoulement eut lieu par cette nouvelle cunette : la grande moëre, où il y avait auparavant 7 pieds d'eau, n'eut plus, en 1763, que 5 pieds; la petite moëre, jadis couverte de 3 pieds d'eau, fut totalement desséchée à la fin de la même année. La démolition de l'aquéduc, le comblement du port et de la cunette (exigés par le colonel anglais *Demaretz*, en 1763, par suite du traité de Versailles) n'arrêtèrent même pas l'amélioration progressive de ce sol. Le comte *d'Hérouville* fit approfondir de 8 pieds une partie du Krommwart jusqu'à Bernadstät et baissa le radier de cette écluse au même niveau; en sorte qu'à l'aide d'un écoulement donné par l'écluse de Bergues, une machine à feu et dix moulins à vent purent complétement dessécher ces deux lacs et les livrer à l'agriculture dès 1766 : on recueillait alors annuellement du colza et un million six cent mille gerbes de grains. Cependant les actionnaires, ruinés par ce nouveau desséchement, abandonnèrent, en 1779, la propriété des moëres à leurs créanciers *Wandermeny* de la ville d'Anvers. Quatre ans plus tard, ce pays fut presque totalement assaini; les généralités de Flandre et d'Artois, craignant même de manquer d'eau pour leurs terres, firent imposer des limites au desséchement opéré alors avec succès par douze moulins sur 2,045 mesures.

En 1793, l'inondation de la mer, tendue pour la défense du pays, rompit la digue du Rynsclott et couvrit entièrement les moëres; les arbres périrent, les machines tombèrent une seconde fois en ruine; le desséchement ne fut repris qu'en l'an III. Deux années après, deux mille mesures de terre étaient déjà desséchées par quatre moulins; mais pour assainir le reste, il fallait encore établir six moulins et faire pour 210,000 francs de réparations aux fermes et aux digues; dépense que ne pouvaient supporter les héritiers appauvris du comte *d'Hérouville*.

La moëre belge, administrée dès 1795 par les frères *Herwyn*, était bien plus florissante à la même époque; couverte, en l'an III, par un mètre de hauteur d'eau de mer, six moulins

avaient suffi pour la dessécher et la rendre entièrement productive en l'an v : la valeur des
terres y égalait celle des meilleures du département.

En 1810, l'empereur *Napoléon,* pour faciliter
le desséchement, fit reconstruire la cunette
comblée en 1763 et établit entre elle et le canal des moëres une communication indépen-
dante par la belle construction des quatre
écluses : c'est à l'aide de ce nouveau débou-
ché vers la mer que M. *Debuyser,* administrateur de la Société des moëres belges et françaises, depuis le 10 avril 1802, parvint à rétablir ces marais dans un état de desséchement
qui est aujourd'hui presque complet.

En 1814, le même administrateur, assuré
de l'existence d'une hauteur naturelle faisant
digue entre le canal de Bergues et les moëres,
proposa et obtint du génie militaire, dans
l'intérêt de ses administrés alors menacés d'être
de nouveau ruinés par une introduction des
eaux de mer, que la mise en état de défense
de Dunkerque serait faite en retenant l'Aa au
pont de Steindaam sur le canal des moëres : il
obtint également que les eaux de la mer ou du
pays, qui pourraient venir par Furnes, seraient
arrêtées à un quart de lieue de cette ville contre

les fausses dunes, sur le petit canal de Bulcamp, et à Bentismeulen sur la Colme.

En six jours, cette inondation fut tendue ; elle rendit impossible le passage de la Colme gonflée jusqu'à Watten, sur un quart de lieue à une demi-lieue de largeur, ainsi que celui du canal de Bergues, dont les bords furent également submergés ; on barra les canaux des moëres et ceux qui viennent d'Hondscotte ; les mêmes précautions furent prises par M. *Herwyn* pour arrêter les inondations de la Byseer tendues à Nieuport. Les moëres, ainsi préservées d'une perte totale, souffrirent néanmoins beaucoup à cause de la filtration et du défaut d'écoulement ; elles furent couvertes par 10 pieds d'eau douce.

Cette nouvelle manière de défendre le pays, proposée par M. *Debuyser*, essayée avec succès en 1814, est aujourd'hui adoptée en principe par le génie militaire, à qui elle donne 4 pieds de hauteur d'eau de plus que ne ferait l'inondation de mer ; elle a le grand avantage d'épargner non seulement aux moëres, mais encore à une grande partie de l'arrondissement de Dunkerque, les ravages qui suivent les irruptions d'eau salée, et dont les effets sont encore sensibles quatorze ans après sur les produits du sol.

Ainsi, depuis six siècles, la mer a envahi trois fois le pays des moëres.

1°. En 1200, par suite de la rupture de la digue naturelle que les dunes forment le long de l'Estran;

2°. En 1646 et 1793, lors de la mise en état de défense de Dunkerque, à l'une et à l'autre de ces deux époques. (Il est inutile que nous répétions que cette cause d'introduction des eaux de mer n'est plus à craindre depuis le nouveau mode d'inondation proposé par M. *Debuyser.*)

Après la première irruption, les eaux salées couvrirent les moëres pendant six cent vingt-deux ans; en suite de la seconde, elles y restèrent pendant cent vingt ans; après la troisième, pendant trente-trois ans.

Tout récemment un pareil désastre a menacé une partie des côtes belges aux environs d'Anvers; sans la fermeté du lieutenant-général *Belliard* et le concours heureux de toutes les populations exposées, en quelques heures, la mer aurait fait, dans ce beau et riche pays, plus de mal que la guerre civile.

4. *Statistique des moëres.*

En 1801, il n'y avait dans les moëres que cent cinquante habitans, tous maladifs; les meilleures terres ne rapportaient que 2 à 4 fr. la mesure, cinq fois moins qu'aujourd'hui.

Les moëres sont traversées par des canaux principaux que longent des chaussées élevées, aussi belles que nos meilleures routes. Entre ces canaux principaux, d'autres, plus petits, tous parallèles ou perpendiculaires, découpent le sol en rectangles égaux appelés cavelles, lesquels sont traversés par des rigoles encore plus petites ; les eaux s'écoulent de ces rigoles dans les canaux secondaires, de ceux-ci dans les grands canaux, et de ces derniers sont élevées dans le Rheinsclott, d'où elles se rendent à Dunkerque et à la mer par le canal des moëres et les quatre écluses.

Le cavelle, de soixante-cinq mesures de terre, vaut environ 20,000 francs, et rapporte, nonobstant les mauvaises chances d'inondation, 1,000 francs environ par an ; on y récolte tous les produits du sol de la Flandre : blé, avoine, orge, colza, prairies artificielles, pommes de terre. Les exploitations sont divisées par fermes; les plus grandes contiennent 200 à 250 arpens, les plus petites sont de 5 à 10 arpens.

M. *Debuyser* est le maire et l'administrateur des moëres.

On compte dans ce marais :

Quatre-vingt-un ménages,
Six cent huit habitans.

La population augmente sensiblement d'une année à l'autre ; les tempéramens robustes résistent davantage au climat, qui est fiévreux.

Sur les 8,000 francs de contributions payés par ce pays, il y avait en 1830 :

7,465^{f}44^c de contributions foncières,
107   de portes et fenêtres,
511   de mobilières ou personnelles,
20   de patentes.

Dans les plus grandes sécheresses, les eaux des moëres s'y élèvent de 2 lignes par jour, un pied en deux mois. Pour tenir à sec ce fond, il faut au plus un moulin par quatre cents mesures de terre; neuf moulins à vis, deux à aubes suffisent pour l'assainissement des moëres belges et françaises ; savoir :

Trois moulins à vis pour la moëre belge, qui a 1,200 hectares de superficie ;

Cinq à vis et deux à aubes pour la moëre française, dont l'étendue est de 1,950 hectares;

Un à vis pour la petite moëre française, qui a 176 hectares.

Le bassin entier a 2,257 hectares de superficie (24,000 arpens) ; le quart au plus était à dessécher.

La vis du moulin a 5 mètres de long sur 1^m,50 de large ; elle élève 36^m,95 d'eau par minute à 0^m,90 de hauteur ; les ailes et l'arbre font dix-neuf tours par minute.

Deux roues, distantes entre elles de 2^m,30 dans le sens horizontal, élevées l'une au dessus de l'autre, de centre en centre, de 1^m,30, poussent 40,40 mètres cubes d'eau dans un canal supérieur de 2^{m}66 : elles ont 4^m,60 de diamètre sur 0,40 d'épaisseur, et font dix tours pour dix-neuf des ailes.

Les frais annuels pour réparations de digues et de machines s'élèvent à 3 francs 10 centimes par chaque mesure de terre, dix fois plus que la dépense occasionée par une mesure de wateringues ; les frais d'entretien pour toutes ces moëres se montent à 30,000 francs.

Depuis 1821 , les propriétaires des moëres nomment, tous les cinq ans, une commission de cinq membres, dont M. *Debuyser* est le président, directeur du service, avec un maître-conducteur des moulins, un secrétaire, un piqueur et des gardes.

Ces propriétaires se réunissent chaque année

pour adopter les projets des travaux à exécuter, pour approuver l'état des dépenses proposées, entendre et vérifier les comptes du président-directeur. Les rôles de réparation sont rendus exécutoires par le préfet.

Actuellement les moëres belges sont régies à part des moëres françaises : dans celles-ci, chaque portion de deux cents mesures de terre donne une voix de plus au propriétaire dans les déli-bérations.

Ce mémoire succinct suffira sans doute pour donner une idée de la nature du sol qui forme l'arrondissement de Dunkerque , des diffi-cultés qu'offrait son assainissement, de la persé-vérance et du talent des divers administrateurs ; parmi ceux-ci nous citerons de nouveau M. *De-buyser*, qui reprit si heureusement, il y a trente ans, les beaux travaux du baron *Venceslas de Koerberger*, et maintient aujourd'hui les moëres dans un état de desséchement pour ainsi dire complet.

L'agriculture fait dans ce même pays plu-sieurs autres conquêtes ; elle fixe et couvre les dunes de bois ; elle s'avance sur la mer elle-même, à laquelle elle enlève tous les quinze ou vingt ans de nouveaux terrains, qui deviennent bientôt les plus productifs de la France : nous

nous bornons à signaler ces industries, admirables partout ailleurs, mais presque vulgaires dans un arrondissement auquel elles ont, pour ainsi dire, donné une existence factice. L'intéressant ouvrage de M. l'ingénieur en chef *Cordier* est d'ailleurs la meilleure source à laquelle doivent puiser les personnes qui veulent avoir une idée complète de cette contrée, où, depuis nombre d'années, les problèmes les plus difficiles d'agriculture sont journellement et complétement résolus par le fermier et par le laboureur lui-même.

P.-S. La même industrie, à l'aide de laquelle les moëres ont été desséchées, pourrait être employée dans le département de la Loire-Inférieure pour l'assainissement du lac de Grand-Lieu, cloaque de quatre lieues carrées de surface, éloigné de cinq lieues de la mer, d'une lieue et demie de la Loire, et autour duquel les fièvres règnent presque constamment. Ce serait un double bienfait pour cette partie de l'ouest, où l'entreprise de grands travaux et l'essor de nouvelles industries sont les meilleurs moyens de rendre définitive la pacification actuelle.

IMPRIMERIE de Mme HUZARD (née VALLAT LA CHAPELLE), Rue de l'Éperon, n° 7.

CARTE DU BASSIN DE L' AA,

avec la délimitation des quatre Sections de Wateringues,

dont la quatrième contient les MOERES.

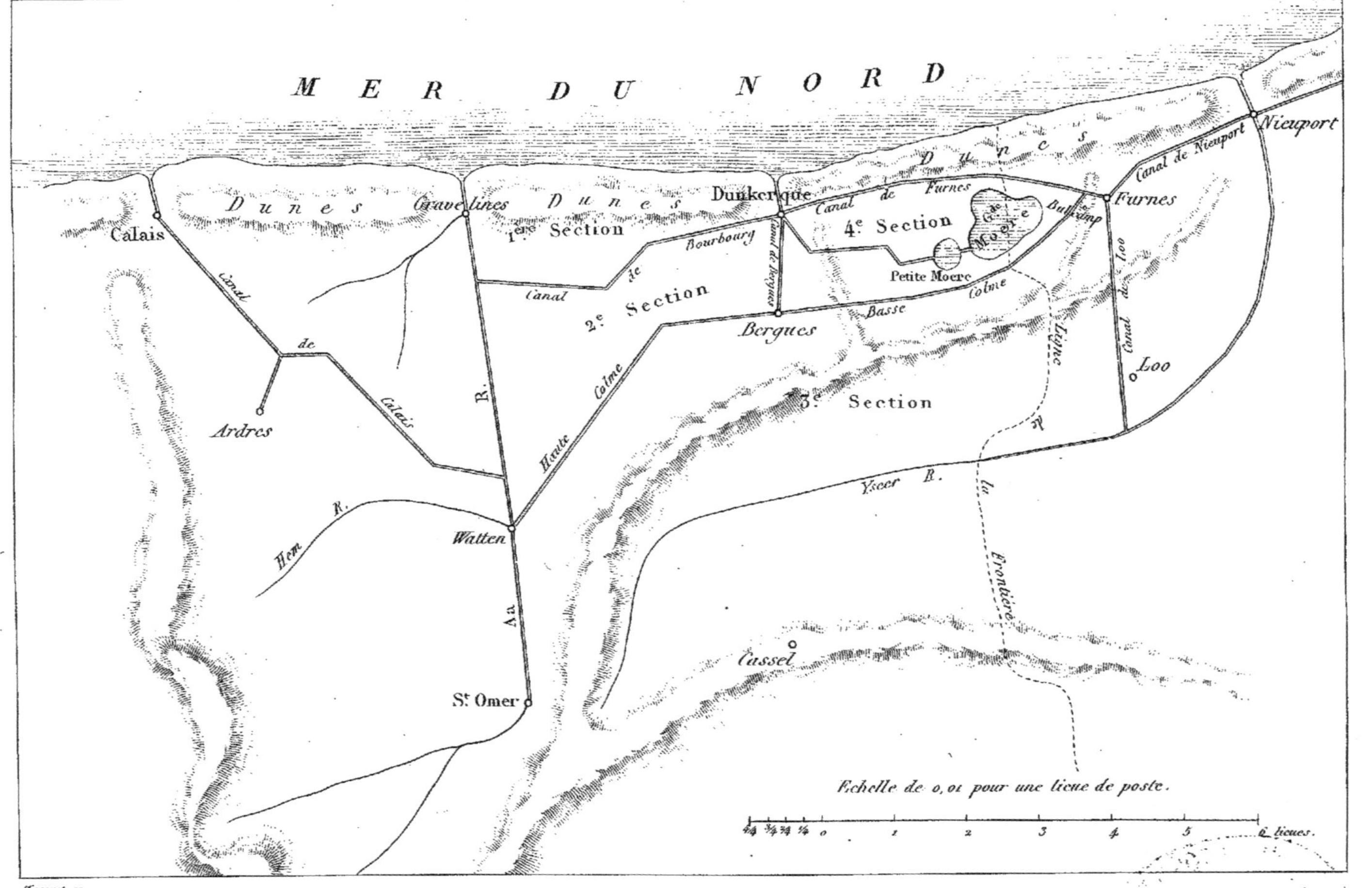

www.ingramcontent.com/pod-product-compliance
Lightning Source LLC
Chambersburg PA
CBHW051437060726
47596CB00006B/2521